图书在版编目（CIP）数据

田间的蔬菜 /（韩）南妍汀著；（韩）李在恩绘；
孔祥英译 . -- 2 版 . -- 北京：中信出版社，2020.4 （2025.5 重印）
（我家门外的自然课）
ISBN 978-7-5217-1594-1

Ⅰ . ① 田… Ⅱ . ① 南… ②李… ③孔… Ⅲ . ①蔬菜 －
少儿读物 Ⅳ . ① S63－49

中国版本图书馆 CIP 数据核字（2020）第 029214 号

田间的蔬菜
（我家门外的自然课）

著　　者：［韩］南妍汀
绘　　者：［韩］李在恩
译　　者：孔祥英
出版发行：中信出版集团股份有限公司
（北京市朝阳区东三环北路 27 号嘉铭中心　邮编 100020）
承 印 者：北京盛通印刷股份有限公司

开　　本：889mm × 1194mm　1/16　　印　　张：3.5　　字　　数：62千字
版　　次：2020年4月第2版　　印　　次：2025年5月第 13 次印刷
京权图字：01－2012－7968
书　　号：ISBN 978－7－5217－1594－1
定　　价：108.00元（全4册）

我家门外的自然课

田间的蔬菜

[韩] 南妍汀 著 [韩]李在恩 绘 孔祥英 译

中信出版集团 | 北京

凡例

1. 本书中收录了我们生活中常见的 29 种蔬菜。
   图下方的绿色文字标注了蔬菜的成熟时间。
2. 本书的目录次序按照蔬菜分类而定。蔬菜分类以《大韩蔬菜图鉴》为准。

目录

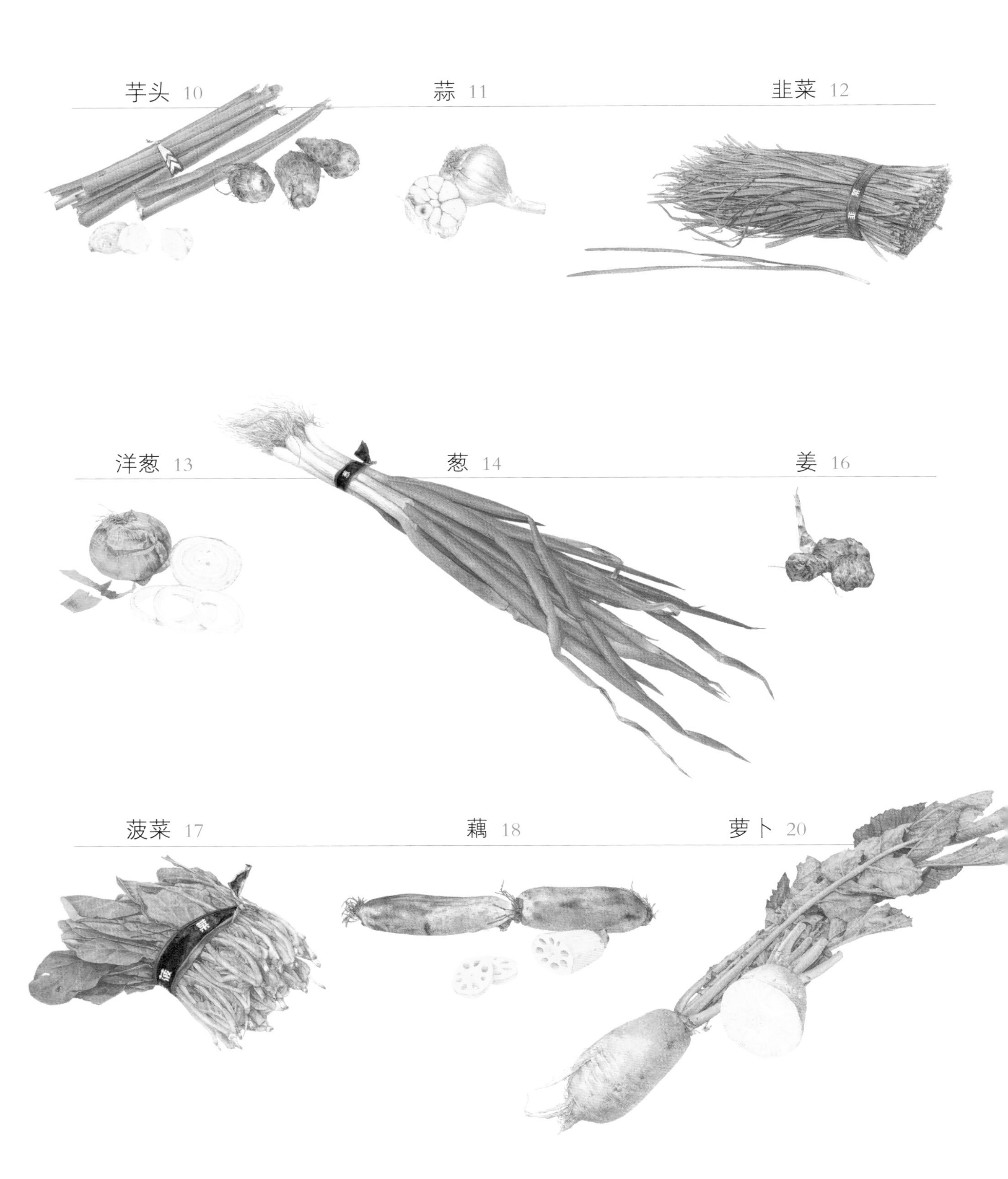

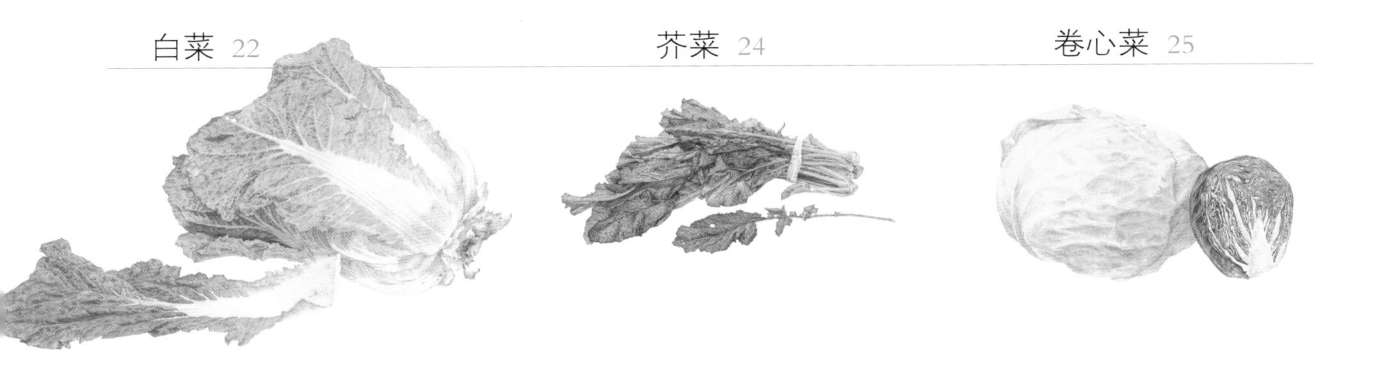

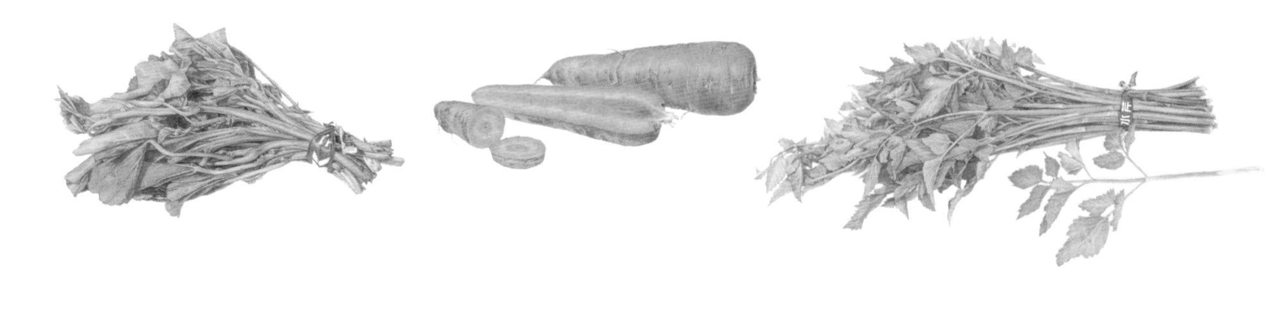

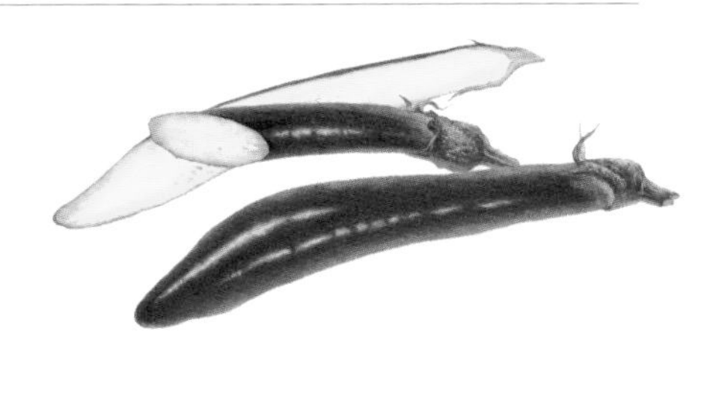

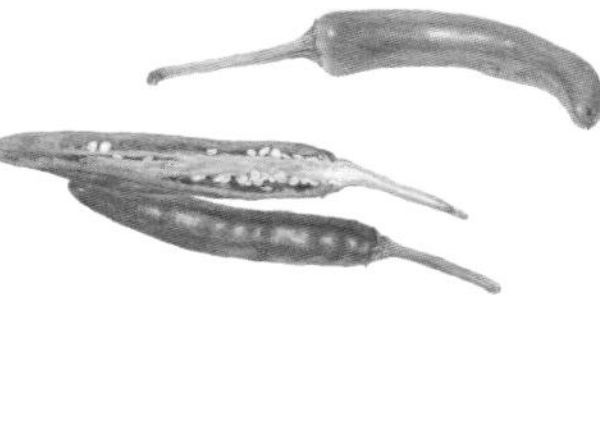
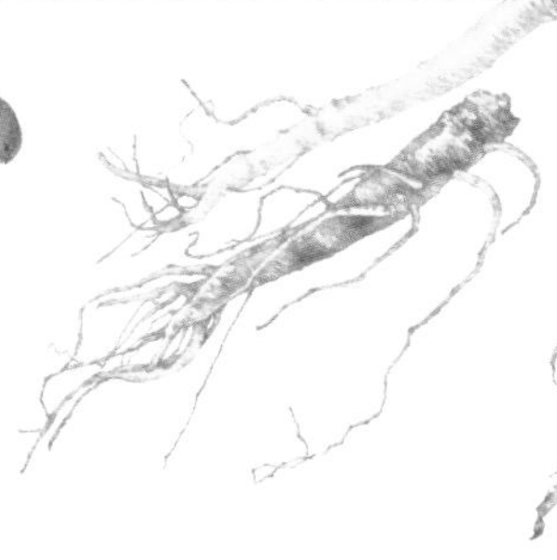

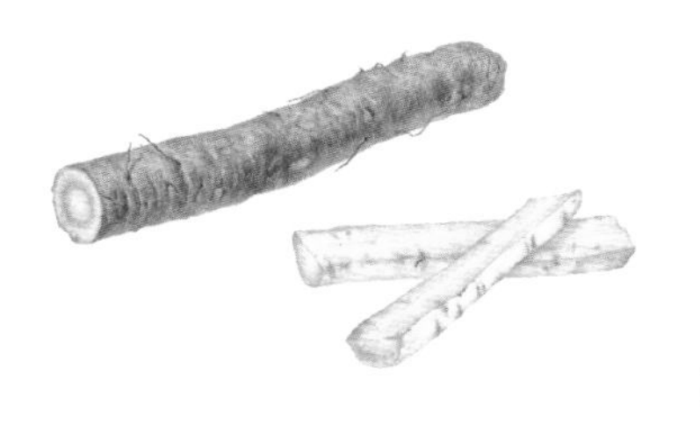
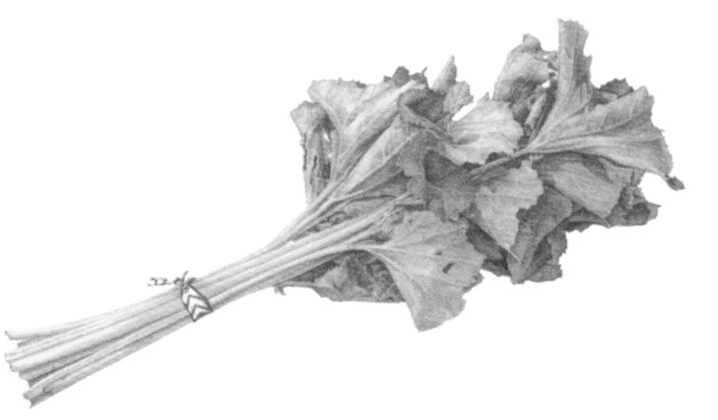

芋头

Taro

别名：青芋、芋艿、毛芋头
食用部位：球根、叶柄
收获时节：球根 9~11 月，叶柄 7~8 月
分类：天南星科多年生草本植物

中秋人们常会吃芋头汤。将脱了皮的白芋头放到淘米水里煮熟，芋头会有一股土豆的味道。人们从夏天就开始剪芋梗吃，到了秋天，就把所有的芋梗都剁下来，去掉皮，放在太阳下晒。晒干的芋梗能放到第二年再吃。冬天，在地表结冰之前，要将芋头全都扒出来，挑出好的留作明年的种子，其他的煮汤吃。

芋头里有毒素，要放在水里泡很久才能吃，直接吃的话，会有麻麻的感觉。剥芋头或是芋梗的皮的时候，一定要戴上手套，因为生芋头的汁水一旦溅到皮肤上会很痒。

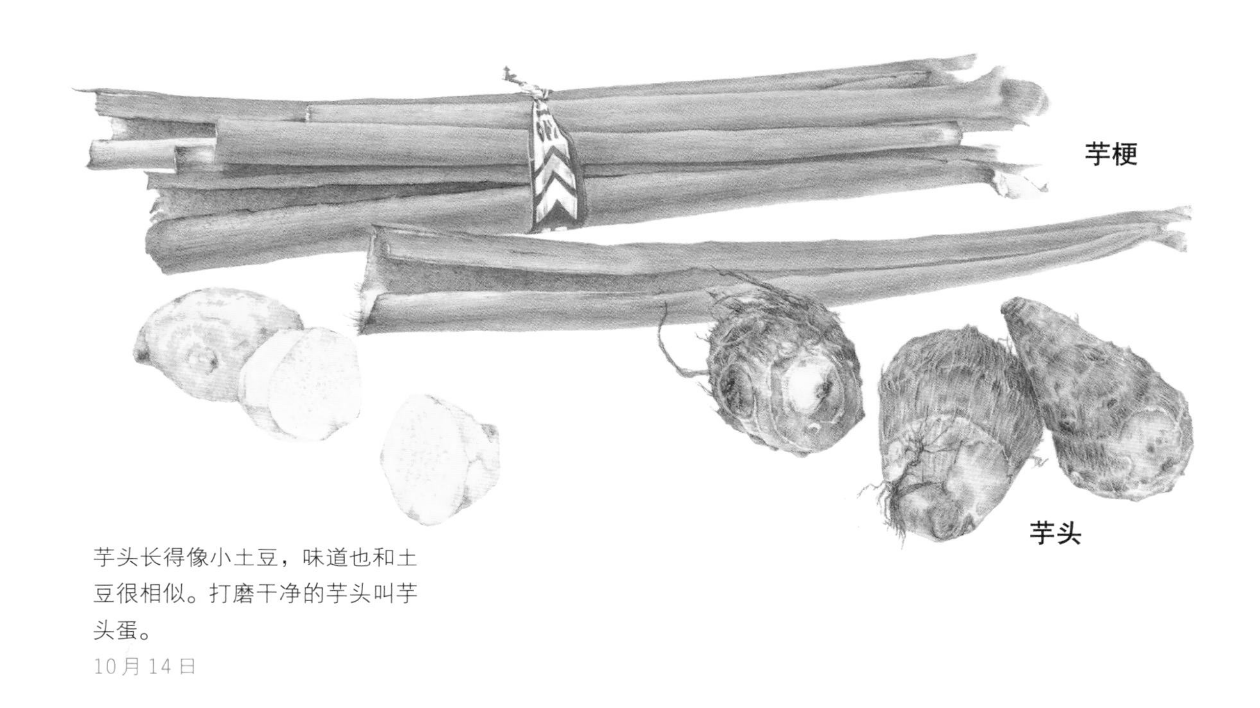

芋头长得像小土豆，味道也和土豆很相似。打磨干净的芋头叫芋头蛋。
10月14日

芋头喜欢潮湿的地方，所以多种植于井边或水沟旁。

芋头的叶子很大，表面很光滑，雨水落到上面，会像珠子一样滚下来，所以可以用来挡雨。

蒜是人们几乎每天都吃的佐料，会放在汤里，也会放在拌凉菜里。腌制泡菜时，要放入捣碎的蒜。大人们还会吃生蒜，生蒜又辣又麻。剥很多蒜的话，指尖会有火辣辣的感觉。春天，刚冒出尖尖的小芽的蒜会更辣。可蒜烤熟后就一点儿都不辣了，小孩子也可以吃，而且很好吃。

蒜是人们从很久以前就开始食用的一种蔬菜，韩国的“檀君神话”中就曾提到过它。相传早在5000年以前，人们就开始吃蒜了。吃烤的蒜，能让身体发热，头疼脑热的症状会有所减轻。

蒜

Garlic

别名：蒜头、独蒜、胡蒜

食用部位：鳞茎（蒜头）、花葶

收获时节：蒜5～6月，蒜薹（tái）4～5月

分类：百合科多年生草本植物

把一头大蒜剥开，会看到里面有很多蒜瓣。每瓣蒜都有皮，要将皮剥掉才能吃。

9月22日

蒜薹

蒜的花轴又叫蒜薹，有蒜的味道，但没有蒜辣。人们会在刨蒜之前，拔蒜薹吃。

将蒜头晒干后，可以存放很长时间，将他们绑起来放到阴凉的地方，可以吃到第二年新蒜上市。

韭菜

Leek

别名：韭、山韭、扁菜、起阳草、韭芽
食用部位：叶、花葶
收获时节：5～8月
分类：百合科多年生草本植物

人们夏季常吃韭菜，有时会做成韭菜饼，做萝卜泡菜的时候，也会放入些韭菜。夏天做紫菜包饭的时候，会放韭菜，而不放菠菜。韭菜带有很浓的蒜味，所以腌韭菜泡菜时，里面不用放蒜。

韭菜可以栽在花盆里，因为割了后，它又会重新长出来，一个夏天能割好多次。被割下来的韭菜很容易坏掉，不能长时间保存，所以要尽快做菜吃才行。

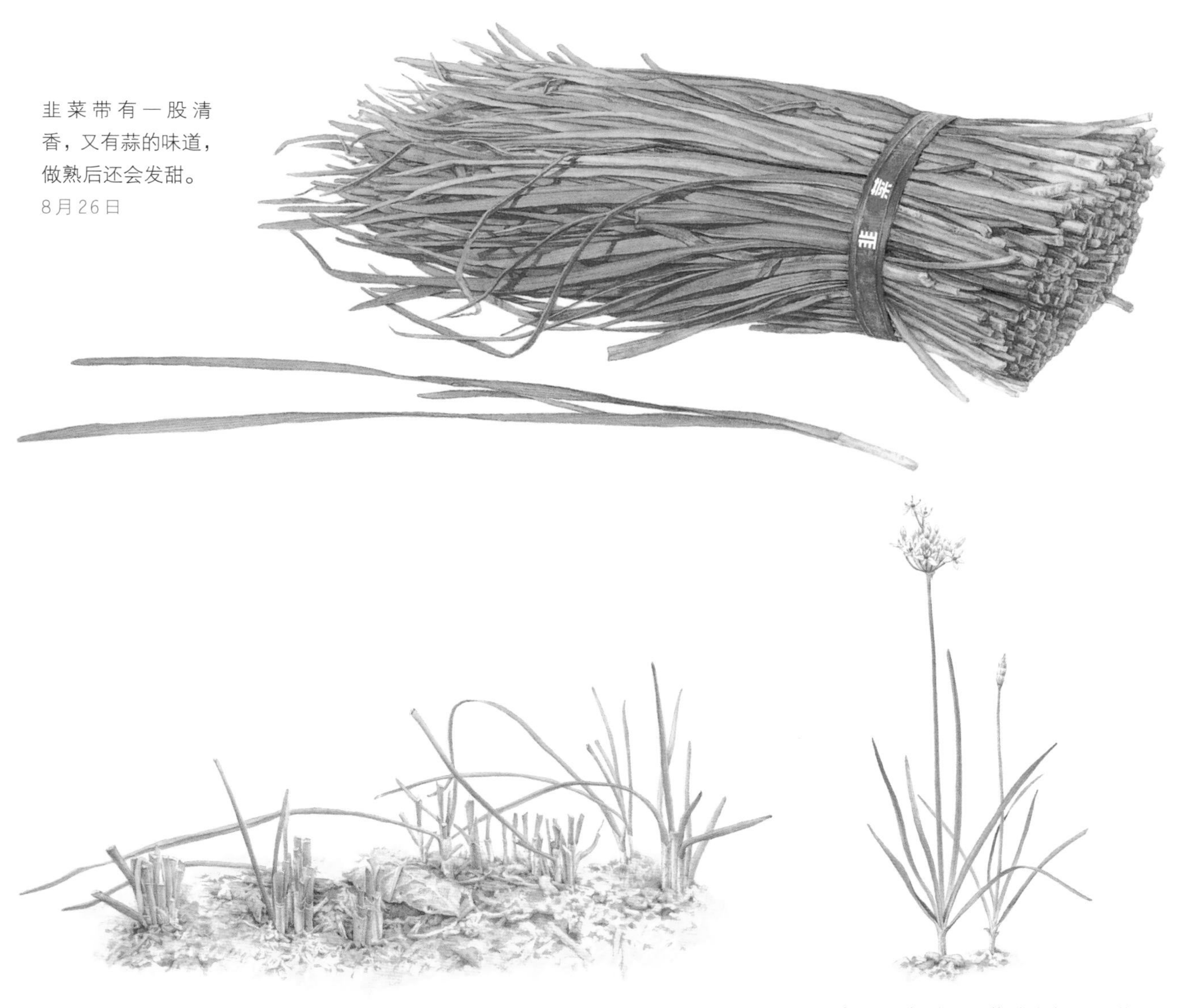

韭菜带有一股清香，又有蒜的味道，做熟后还会发甜。
8月26日

将培育好的韭菜苗挖出来，种到地里，以后就每年都可以割着吃了。不动底下的根，只割上面的叶子，叶子不久就会再长出来。

气温升高后，韭菜就会长出韭菜薹，顶端会开出一团簇拥在一起的白色小花。

洋葱

Onion

别名：球葱、圆葱、玉葱、葱头
食用部位：鳞茎（葱头）
收获时节：5 ~ 7月
分类：百合科二年生草本植物

洋葱由于体型较圆，又被称为“圆葱”。生着吃，口感清脆，但会有些辣。剥皮或切洋葱的时候，常会辣得眼睛睁不开。但洋葱做熟后，就会变得很甜，一点也不辣了。

洋葱和蒜一样，都在秋季播种。初秋种上，晚秋发芽，第二年初夏开始拔着吃。初夏收获的新洋葱带有甜味，生着吃也不辣，小孩子都可以吃。

洋葱在中国广泛分布，南北各地均有种植。据说西方从5000多年前就开始种植和食用洋葱了。

洋葱表皮被红色的外皮所包裹。剥去外皮就能看到里面厚厚的果肉了，它们一层一层地包在一起。
10月3日

即使将洋葱放在阴凉的地方，到了春天，它也会发芽。发芽的洋葱会更辣，做熟了才能吃。

插秧的时候，就可以收获洋葱了。新洋葱水分多，较甜。

葱

Welsh onion

别名：大葱、香葱、小葱、四季葱

食用部位：鳞茎（葱头）和叶

收获时节：10～5月

分类：百合科多年生草本植物

葱几乎是所有的菜都要放的一种作料，拌凉菜时要放，做汤的时候要放，做肉类或是海鲜类的料理时更要放。因为葱能去除膻味和腥味，还能提升食物的口感。直接吃葱，会觉得很辣，但做熟后就不辣了，反而觉得甜丝丝的。

人们可以买回一个月要吃的葱，将其埋到花盆里，放着慢慢吃。如果花盆里的葱长出了新叶子，说明葱变得更新鲜了。人们用完后，剩下的葱根还可以做药材。身体觉得隐隐有些冷，有点发烧的时候，用葱根煎水喝，发发汗，可能会舒服些。

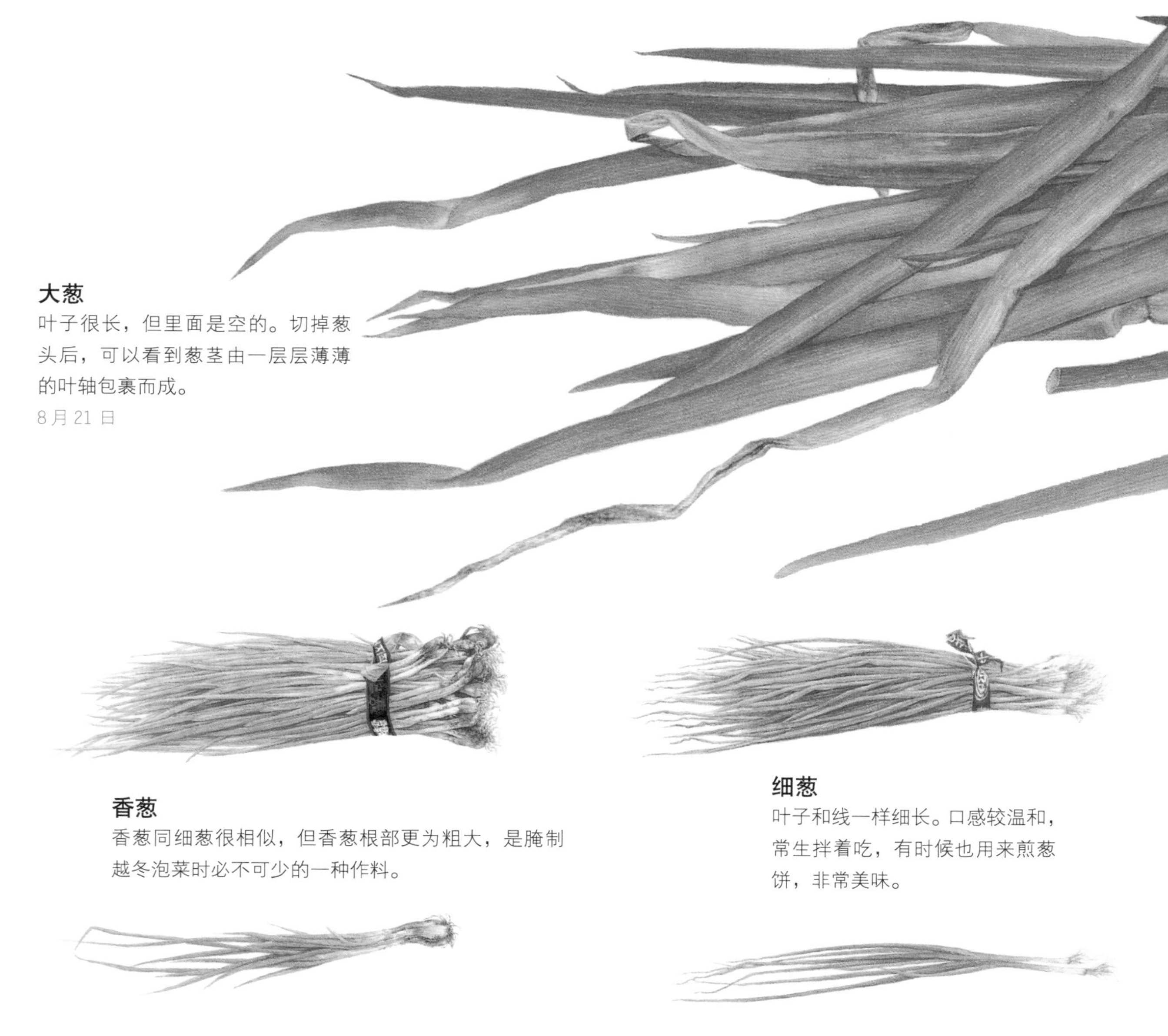

大葱

叶子很长，但里面是空的。切掉葱头后，可以看到葱茎由一层层薄薄的叶轴包裹而成。

8月21日

香葱

香葱同细葱很相似，但香葱根部更为粗大，是腌制越冬泡菜时必不可少的一种作料。

细葱

叶子和线一样细长。口感较温和，常生拌着吃，有时候也用来煎葱饼，非常美味。

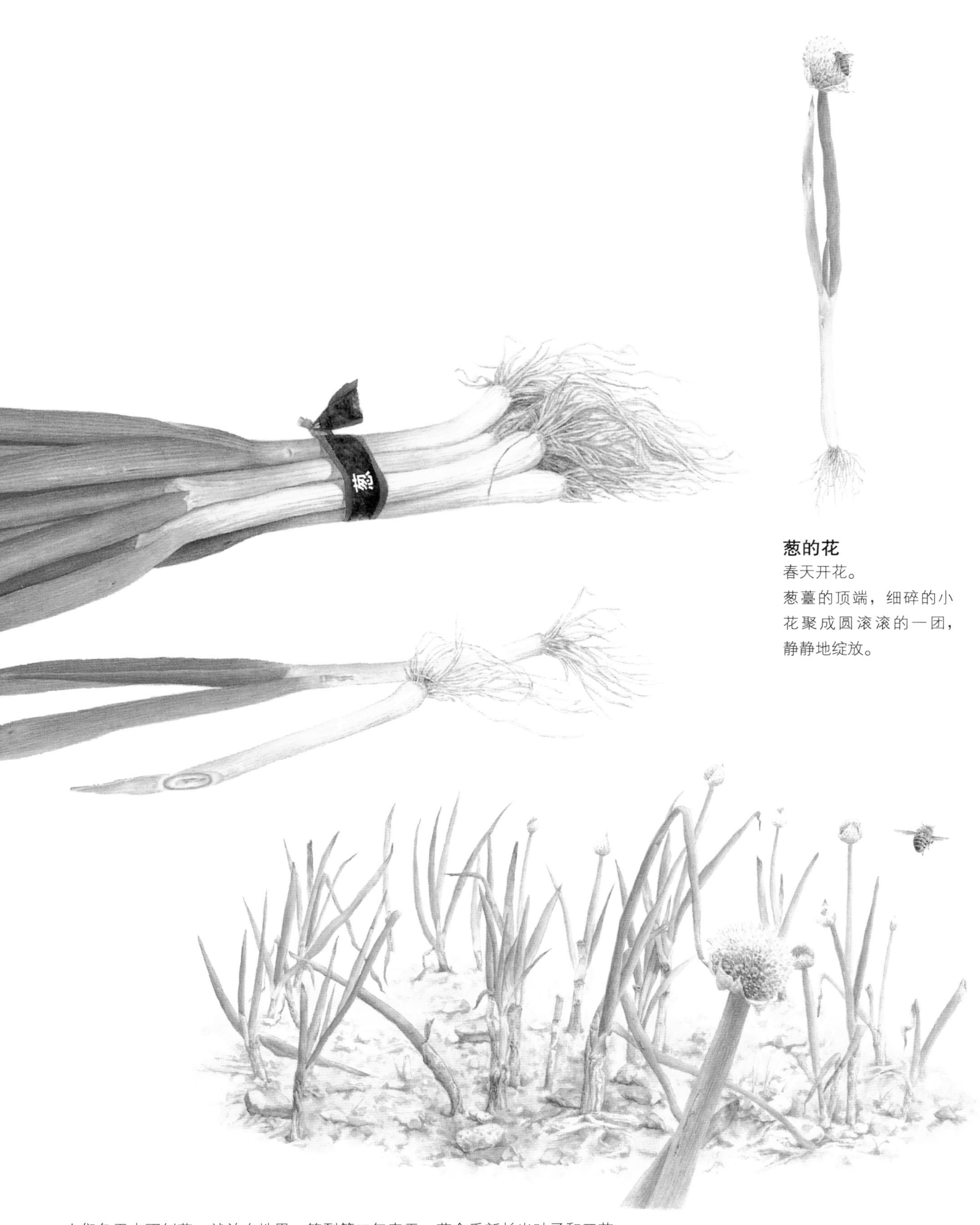

葱的花

春天开花。

葱薹的顶端，细碎的小花聚成圆滚滚的一团，静静地绽放。

人们冬天也不刨葱，就放在地里，等到第二年春天，葱会重新长出叶子和开花。

姜

Ginger

别名：生姜、白姜、川姜
食用部位：根茎
收获时节：10 ~ 11 月
分类：姜科多年生草本植物

姜带有刺激性香味，块茎颜色越黄，香味越浓郁。常将其碾碎了放在海鲜汤或是用猪肉做成的菜里，因为姜的味道可以去除腥味和膻味。腌制泡菜时，姜也必不可少，因为它不仅能去除鱼酱的腥味，还能使泡菜更爽口。但姜带有苦味，不能多放。

干姜是一味中药药材。冬天常喝姜茶，可以预防感冒。有人说晕车时，嘴里含一块姜片，兴许能变得神清气爽些。姜一般春天种下，秋天刨出。冬天埋在花盆中，姜不会腐烂，可以长久保存。

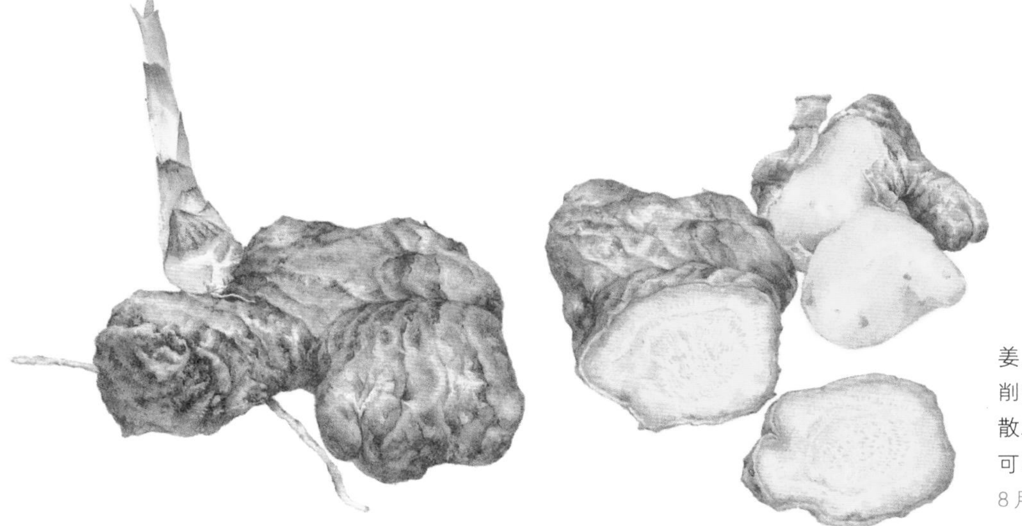

姜总是长得奇形怪状。削掉皮后，姜的香味就散发出来了。切开姜后，可以看到里面是黄色的。
8 月 26 日

姜茶能驱寒暖身。

姜的叶子非常细长，同松针有些类似。晚秋，姜叶被霜打过，顶部变成黄色后，就说明该起姜了。

菠菜

Spinach

别名：波斯菜、菠薐（léng）、鹦鹉菜、红根菜、飞龙菜
食用部位：叶子
收获时节：11 ～ 3月，夏季
分类：藜科一年生草本植物

菠菜是人们常吃的一种蔬菜，一年四季都可以在市场买到。早春的菠菜最好吃，历经了寒冬的菠菜颜色深、叶片厚、根色红。将整棵菠菜放在水里焯过再拌了吃的话，会觉得像是放了糖一样甜。煮大酱汤的时候，放入菠菜，会使汤的味道更浓郁。夏季菠菜长得比较快，种植一个月后就能采来吃，但夏季的菠菜水分较多，味道比较淡，很容易发黄。

菠菜原产于亚洲西部的波斯（今伊朗），唐太宗时作为贡品传入中国，所以菠菜又叫波斯菜。另外，因为菠菜的根是红色的，所以它还有一个别名，叫红根菜。

韩国飞禽岛的菠菜

根红的菠菜比较好吃。菠菜的叶子比较娇嫩，稍微放在水里一焯，就可以拌着吃了。
9月20日

菠菜花
5月份，花茎长高，结出种子。菠菜花和红心藜花很相似。

菠菜极为耐寒，冬天也能拔着吃。

藕

Lotus root

别名：莲藕
食用部位：块茎
收获时节：11 ~ 3月
分类：莲科多年生草本植物

藕有很多孔，切开后，会拉出长长的丝。藕可以切成片，煎着吃，也可以放在酱油里腌着吃，吃起来很脆。将藕磨成粉，倒入热水也很好吃。

藕是荷花的块茎。从头年秋天到第二年春天都可以扒藕吃。扒藕时，要把手伸到污泥中，一节节地往外拔。荷塘里的荷花是野生的，有人为了吃到藕，也会在田中蓄水，特意种植荷花。荷花浑身是宝，没有无用的东西。荷叶可以用来泡水喝，也可以用来包荷叶饭。

藕是荷花的块茎，作为荷花储藏养分的地方，藕会不断地变大变粗。藕生长在污泥中。
9月22日

8月5日

8月20日

9月2日

仲夏之时，荷花盛开。
白天荷叶张开，夜晚闭合。

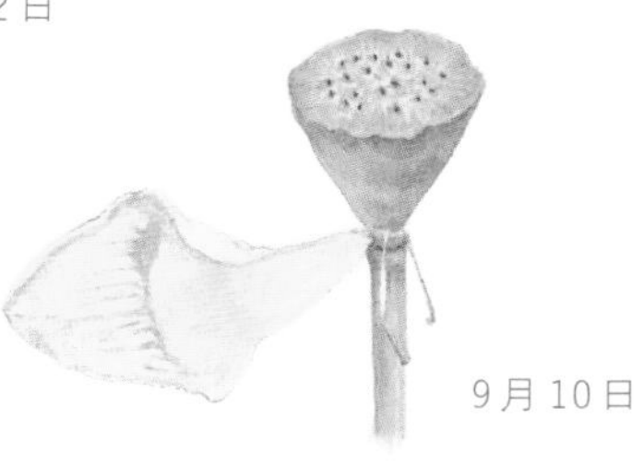
9月10日

荷花授粉后，花瓣会一
片片凋落。

荷花会结出一个长得像
喷头的莲蓬。

9月16日

10月4日

莲蓬的每个孔里都有一个又圆又
硬的莲子。
莲子又被称为“莲米”，因为它像
米饭一样香。

萝卜

Radish

别名：白萝卜、菜头、芦葩
食用部位：根、叶
收获时节：9～11月
分类：十字花科二年或一年生草本植物

萝卜口感清脆，带有甜味和稍许辣味。萝卜很甜，但越往根部越辣，也越脆。用秋天收获的萝卜腌制泡菜最好吃，腌制萝卜干会更甜、更爽口。吃多了生萝卜，容易打嗝，还会噗噗地放臭屁。常吃萝卜有助于消化，而且不易得感冒。

萝卜的叶子又叫“萝卜缨子”，营养价值很高，晒干后放起来，整个冬天都可以吃。把萝卜切成片，晒干后就成了“萝卜干”。皱巴巴的萝卜干比萝卜还要甜。

萝卜露在地面上的部位，受到太阳照射会发青。这个部位要比下面的白色部位更甜、更脆。
10月14日

腌萝卜由盐和糖腌制而成。吃炸酱面等油腻的食物时，吃一些腌萝卜，会有助于消化。

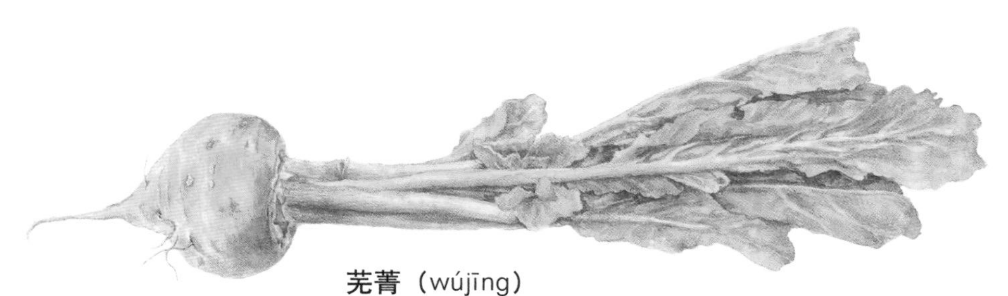

芜菁（wújīng）

长得像陀螺，有的是白色的，有的是红色的。中国各地均有栽培。

小伙子萝卜

又叫嫩萝卜。人们会将整个萝卜都做成泡菜。

萝卜没有白菜耐寒。萝卜如果在地里被霜打了，里面就会变得很软，人们称之为“糠”了。

白菜

Chinese cabbage

别名：黄芽菜、大白菜
食用部位：叶
收获时节：11 ~ 12月
分类：十字花科二年生草本植物

白菜是韩国人吃得最多的一种蔬菜，常被用来腌泡菜。腌泡菜的时节，白菜最好吃。腌制泡菜的白菜通常在夏天播种，在晚秋收获。白菜的叶子一层层地紧紧包在一起，也叫作大白菜。黄色的白菜心很甜很香。外边绿色的叶子可以串起来，晒干后做干拌菜吃。

春天产的“春白菜”也叫白菜，它们比较新鲜、可口，是人们春天常吃的蔬菜。白菜富含纤维质，所以常吃泡菜的话，可以使大便通畅，身材纤细。

用白菜做泡菜

先用盐将白菜腌好，再放入各种调料，搅拌均匀，之后腌制一段时间就可以了。

大白菜一般包得比较结实。
一颗较大的白菜大约能有 3 千克重。
里面的叶子带有清香，带点甜味和辣味的白菜才好吃。
9 月 23 日

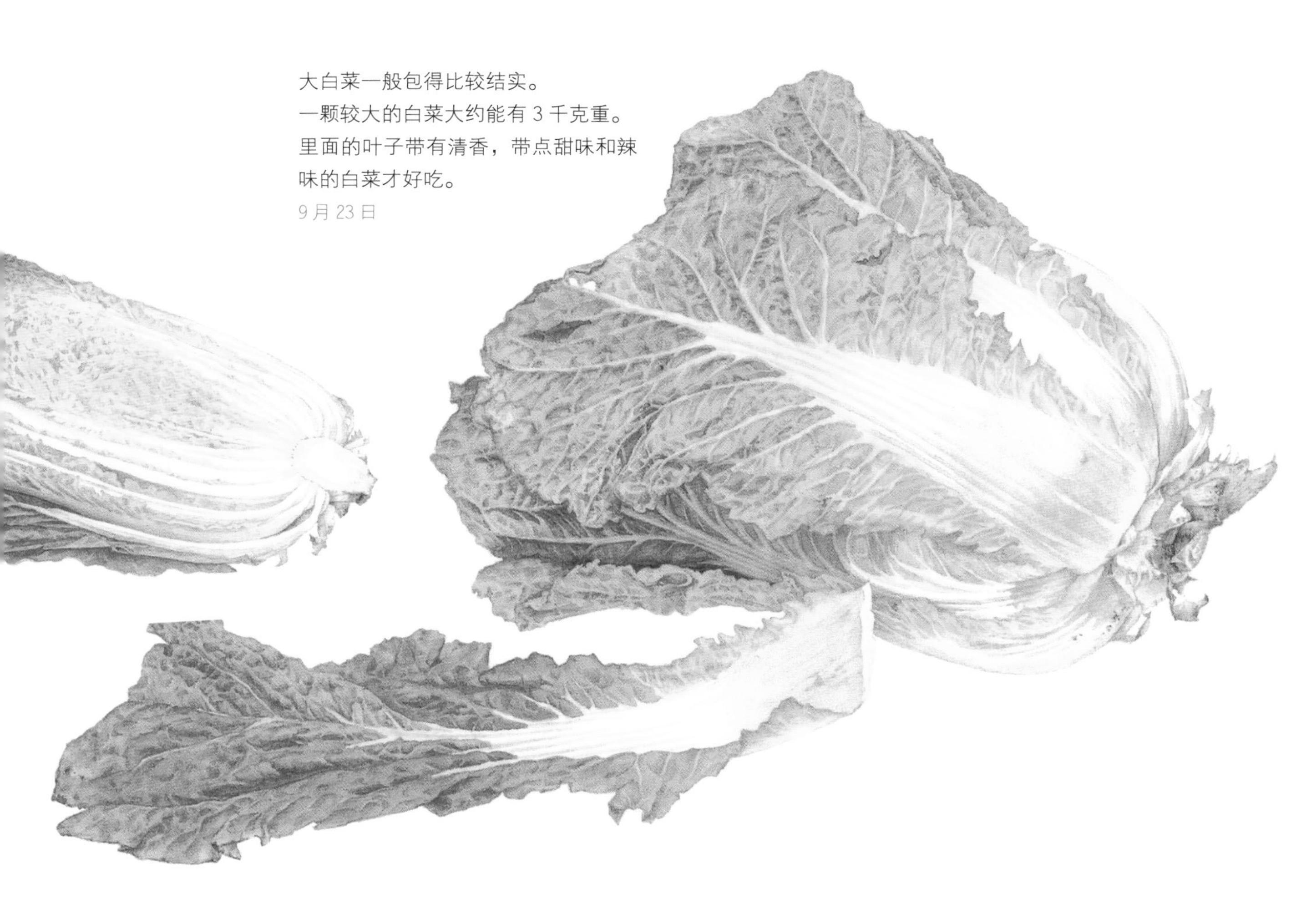

泡菜市场

到了腌泡菜的时节，市场上的白菜和萝卜会堆积如山。这样的市场通常被称为“泡菜市场”。

芥菜

Leaf mustard

食用部位：叶
收获时节：11 ～ 2月
分类：十字花科一年生或二年生草本植物

芥菜和萝卜的叶子很相似，味道比萝卜还要辣，有点像芥末。仔细观察，你会发现，芥菜的颜色带着淡淡的紫色，而且绒毛要比萝卜的绒毛粗糙。如果在芥菜泡菜里放入水萝卜，芥菜就会褪色，泡菜的汤水就会泛红。想要泡菜带有辣辣的味道，又爽口的话，就一定要放入些芥菜。

腌制芥菜泡菜时，里面要放满香葱，而且芥菜泡菜的腌制时间要比白菜泡菜长。芥菜泡菜腌好后，会带有一股刺鼻的味道。春天，芥菜会开出白菜花一样的黄花，花凋谢后，会结出小小的种子。将这些种子碾碎就成了芥末。

芥菜的叶子比萝卜的叶子硬，一般不会用来做拌菜吃。吃腌制的泡菜，也得等泡菜熟透了才能吃。
10月16日

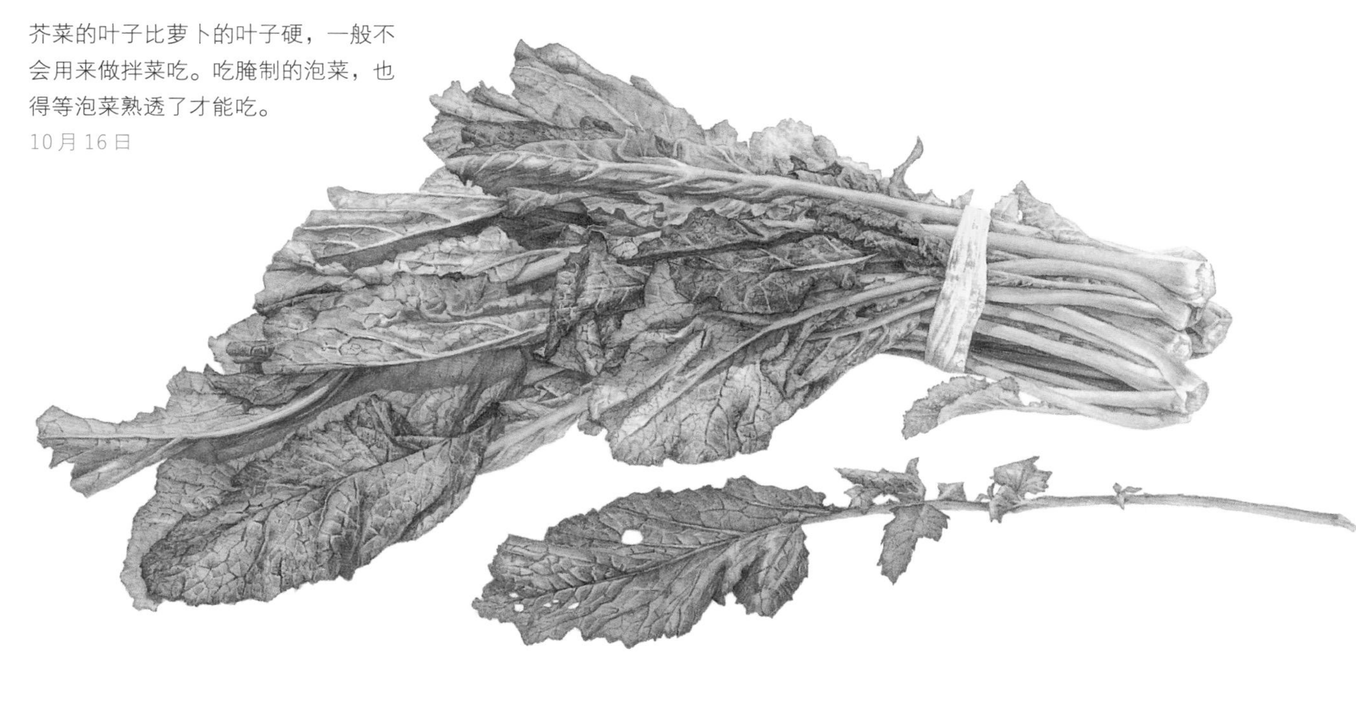

芥菜花
3 ～ 6月开花。与油菜花和白菜花相似。

芥菜的适应性很强，不用特意管理也能长得很好，所以芥菜在很多地方都可以生长。

卷心菜

Cabbage

别名：圆白菜、包菜、包心菜
食用部位：叶
收获时节：10 ~ 12月
分类：十字花科二年生草本植物

卷心菜和白菜不同，通常又圆又硬。卷心菜里面是实心的，几乎没有缝隙，而且长得很像球。将卷心菜切成丝拌着吃，口感清脆，还带点甜甜的味道。做熟后的卷心菜很甜，有时也可以稍微蒸一下，包饭团吃。秋天产的卷心菜会更甜一些。

卷心菜小的时候，叶子是四散开来的，可到后来，越长叶子越往里收，慢慢就裹成一个硬邦邦的球了。大的卷心菜差不多有成人的脑袋那么大。西方人常吃卷心菜，用它来做沙拉，或是煮汤。他们几乎天天都吃。

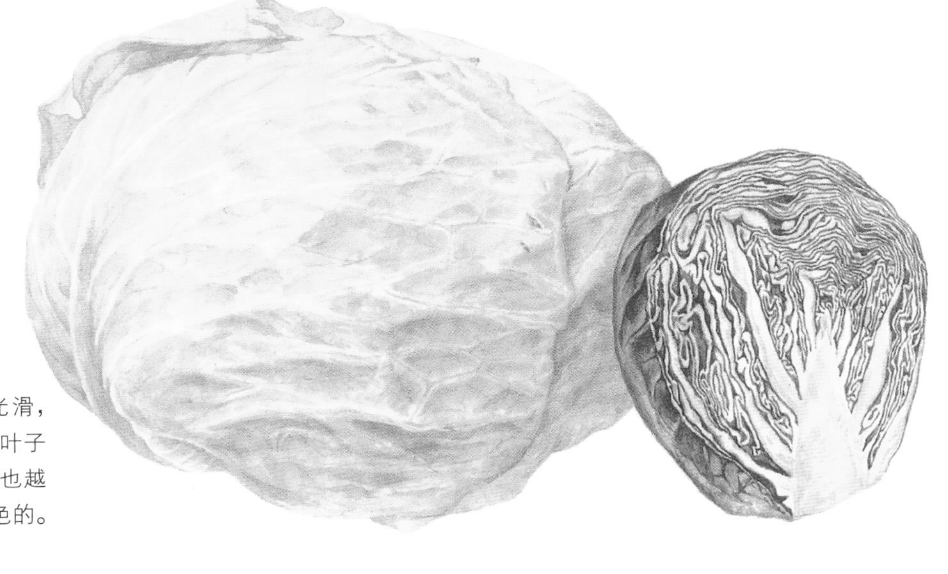

卷心菜的叶子很光滑，而且较厚，越往里叶子皱得越厉害，颜色也越浅。卷心菜还有紫色的。
9月8日

圆生菜
圆生菜比卷心菜的水分含量高，更加清脆，常用来拌沙拉吃。

卷心菜喜欢阴凉的地方，虽然夏季也会大量上市，但秋天的卷心菜最好吃。

卷心菜的叶子一层层地紧紧包在一起，但只要剥开一张，其他的就很好剥了。

冬葵

Cluster mallow

别名：冬苋菜、冬寒菜、葵菜
食用部位：叶
收获时节：9～11月
分类：锦葵科一年生草本植物

冬葵的叶子很娇嫩，常摘了煮汤喝，秋天的冬葵汤别提多好喝了，以至于韩国民间有“秋天要关起门来偷着喝冬葵汤”的说法。将长得好的叶子揪下，剥掉皮，再用力揉搓，将多余的水分挤掉，就可以放入汤里煮了。如果不这样，冬葵的黏液过多，会难以下咽。

天气变热后，冬葵的每个枝杈上都会长出一朵漂亮的小花，也会结出小小的种子，被称为“冬葵子”。冬葵子是一味药材，可以治疗便秘。除此之外，冬葵子还可以煮水喝。

乍一看，冬葵的叶子和葫芦或是蜂斗菜的叶子很像。但仔细看就会发现，冬葵的叶子和茎要光滑得多。
8月28日

冬葵花一般在6～7月绽放。冬葵开花时，就能摘叶子来吃了。冬葵的种子可以入药。

胡萝卜无土栽培
将用剩的胡萝卜头放到水里，过一阵子，它就会发出芽。

放了胡萝卜的紫菜包饭好看又好吃。

胡萝卜的可食用部位主要是根部。

冬天的胡萝卜最好吃，又脆又甜。
多吃胡萝卜可以明目。
10月14日

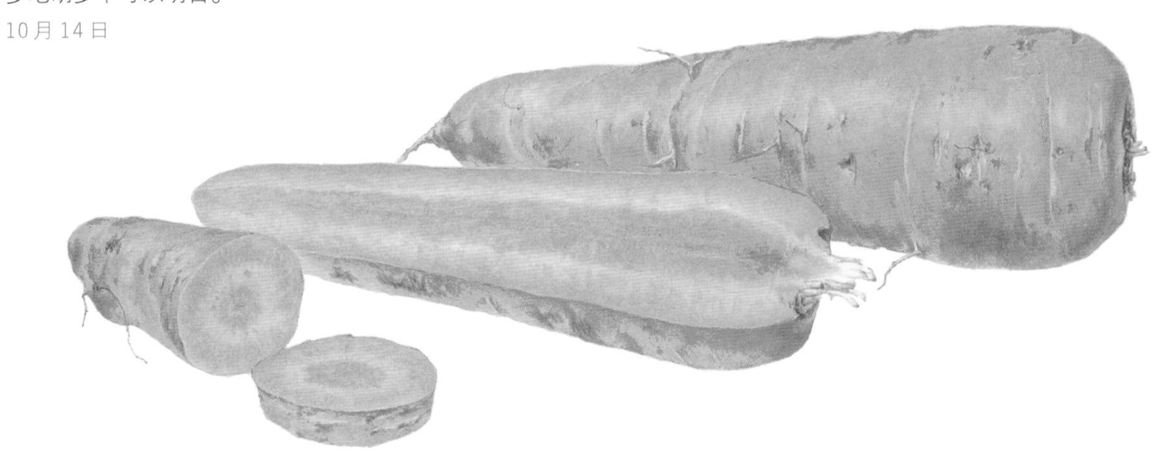

胡萝卜

Carrot

别名：黄萝卜、番萝卜、小人参
食用部位：根
收获时节：2～5月，8～9月
分类：伞形科二年生草本植物

胡萝卜又脆又甜，很好吃，而且长得笔直，表皮光滑。胡萝卜一般比较硬，但稍一用力就能掰断，就会看到胡萝卜里边也是红色的。如果胡萝卜屁股上发黑，说明已经放了很久了，这种胡萝卜会比较干涩难咽。将胡萝卜放在油里稍微炒一炒再吃，会更容易消化，而且色泽也会更加鲜亮，更能增加人们的食欲。

多吃胡萝卜，可以明目，还能使肌肤细腻光滑。春天和秋天都可种植胡萝卜，秋天种下的胡萝卜，可以在当年秋天到第二年春天刨。在韩国的济州岛大冬天都可以刨胡萝卜。

水芹

Dropwort

别名：水英、牛草、楚葵、蜀芹、野芹菜
食用部位：叶、茎
收获时节：2 ~ 4月
分类：伞形科多年生草本植物

水芹的叶子和茎会散发出香味。将水芹焯一下，可以拌凉菜吃，还可以煎饼吃。煮海鲜汤的时候，放入水芹可以去腥味。

水芹喜欢潮湿的地方，所以多被种在水沟旁或井旁，有时也会种在蓄满水的稻田里。种有水芹的稻田叫水芹田。水芹秋天种上，第二年春天便能割着吃了。但过了端午，水芹就会变得很硬，不能吃了。多吃水芹，可以净化血液，促进排便，人的皮肤也会变得更有光泽，身材也会变得更纤细。

水芹味道清香。
焯过的水芹气味也很好闻，吃起来脆脆的，让人充满食欲。
10月30日

芹菜和水芹长得很像，但要粗许多。
将芹菜切得薄薄的，可以放在沙拉或三明治里。炒着吃也很好吃。

海鲜汤里一定要放水芹，它可以去腥味，并提升汤的口感。

水芹无土栽培

将带有泥浆的水芹根部放水里，过几天它的顶部就会长出新芽。这些新芽可以直接吃。

水芹田里有很多蚂蟥。人们去采摘水芹的时候，蚂蟥就会出动了。

水芹长在有水的地方。潮湿的山地或是清澈的水沟旁经常会长出一些野生水芹。

南瓜

Pumpkin

别名：番瓜、北瓜、笋瓜、方瓜、麦瓜、倭瓜、金冬瓜、吊瓜
食用部位：果实、叶、茎、花
收获时节：小南瓜 6 ~ 8月，老南瓜 9 ~ 11 月
分类：葫芦科一年生草本植物

南瓜真是大有用处，栽上几棵，整个夏天都有小南瓜和南瓜叶吃了。老南瓜可以放一个冬天，想什么时候吃就什么时候吃。在漫长的冬夜里还可以嗑南瓜子吃。南瓜比较好管理，春天将南瓜苗种上，南瓜藤会自己不停地往外延伸，只要施一次肥，就不用再管了。而且南瓜还不招虫。

夏天的小南瓜有很多吃法：煎饼子吃，炒着吃，拌着吃，还可以放到大酱汤里。蒸熟的南瓜叶，可以用来包肉吃。黄澄澄的老南瓜可以用来熬粥，也可以蒸着吃。韩国的郁陵岛还有用南瓜做的麦芽糖呢。

老南瓜
老南瓜又大又圆，像一个小轮胎。南瓜肉黄黄的，个头大的南瓜有很多子儿。南瓜熬粥或是蒸着吃，都会跟麦芽糖一样甜。
8月18日

南瓜子
人们常把南瓜子晒干了，嗑着吃。南瓜仁是绿色的，吃起来很香。

西瓜子
西瓜子是黑色的。

黄瓜子
黄瓜子细小，狭长。

小南瓜

比较嫩、还未长大的南瓜叫“小南瓜”。
小南瓜的皮和子儿都比较嫩，也可以做菜吃，所以完全没有需要丢掉的部分。

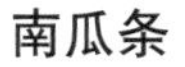

南瓜条

将老南瓜的皮削掉，切成细长条晒干，放在年糕里吃，非常甜。

甜南瓜

因为味道非常甜，所以被称为“甜南瓜”。
味道有点像栗子，所以又被称为“栗子南瓜”。

南瓜花分为雄花和雌花，雌花才会结出小南瓜。

瓢
瓢是用葫芦做成的。
小的瓢又叫“水瓢”。

葫芦瓢
和水瓢相似，都有一个细细的腰。
可以用来舀水，也可以用来舀酱油。

葫芦花
夏天会开出白色的花。
日落而开，日升而败，
所以它还有一个美丽的
名字叫“夕颜”。

葫芦成熟后，会发出玉石般的光泽。
南瓜越老，会变得越大越宽，而葫芦则会变得越来越圆。
9月23日

葫芦

Gourd

别名：瓠瓜、抽葫芦、壶芦、蒲芦
食用部位：果实
收获时节：7 ~ 8月
分类：葫芦科一年生草本植物

夏天，人们常摘了嫩葫芦来拌凉菜吃，有时也会炒着吃，或是把葫芦腌制成清凉爽口的泡菜。葫芦泡菜嚼起来有点硬，但更能增加人们的食欲。

以前人们常用葫芦来做瓢。做瓢的活，得等葫芦完全成熟，变得很硬了才能摘。将葫芦锯成两半，放到水里煮，将瓤和籽都挖出来，再将葫芦放到太阳下晒干，就做成瓢了。瓢比较轻便，所以人们常把它当碗用。而且与塑料碗不同的是，瓢透气性好，所以盛放的食物不易变质。家里种几棵葫芦，吃不完的话，就可将剩下的都做成瓢。

小黄瓜泡菜
将黄瓜拉几道口，将各种调料塞进去，这样腌成的泡菜就是小黄瓜泡菜。腌制小黄瓜泡菜的时候，一定要放韭菜。

种黄瓜一定要搭一个黄瓜架，那样黄瓜藤才能顺着往上爬，从初夏到晚秋，黄瓜藤都能结出黄瓜。

新鲜的黄瓜身上布满了黄瓜刺。切黄瓜的时候，会冒出透明的汁液。发黄的黄瓜被称为“老黄瓜”。
7月15日

黄瓜

Cucumber

别名：胡瓜、刺瓜、王瓜、青瓜
食用部位：果实
收获时节：6 ~ 9月
分类：葫芦科一年生草本植物

黄瓜清脆可口，口渴时吃一根黄瓜，会如同喝了水一般清爽，而且黄瓜还有一种独特的香味，用手一掰，黄瓜的香味就会扑面而来。黄瓜本来是夏季蔬菜。可现在有塑料大棚，所以一年四季都可以在市场上买到。但还是夏季的黄瓜最好吃，而且对身体也好。

我们吃到的黄瓜都是比较嫩的黄瓜。黄瓜完全成熟后，会变成黄色，被称为“老黄瓜”。吃老黄瓜的时候，要将厚厚的黄瓜皮削掉，挖掉里面的瓤，再做菜吃。人们会将坚硬的黄瓜种晒干，第二年再种到地里。

番薯

Sweet potato

别名：地瓜、甘薯、山芋、红苕、甜薯、白薯、番芋、番葛、金薯
食用部位：根、叶
收获时节：9 ~ 11 月
分类：旋花科一年生草本植物

人们在秋天收获番薯。将番薯洗干净，放在笼屉里蒸熟了，吃起来甜丝丝的。吃两个番薯，肚子就饱了。蒸的番薯比较黏，配着泡菜一起吃，才不容易被噎到。烤番薯比蒸的番薯更甜。将秋天收获的番薯放一段时间，到冬天再吃，会更甜更好吃。番薯放在气温低的地方容易被冻坏，所以要在气温适中的地方保存。番薯长了黑斑的地方会有苦味。

番薯茎就是番薯叶子的茎，从夏天到番薯收获前，都可以摘着吃。番薯茎和番薯一样带有甜味。

番薯生着吃也很甜，但做熟后更甜。夏天常用番薯茎拌凉菜吃。
10 月 15 日

番薯无土栽培

将发芽的番薯放入水中，不久就会长出根和叶。

番薯茎去掉叶子，再剥掉皮，就可以用来做凉菜了。

土豆的形状像较小的西红柿。我们所吃的土豆并不是土豆的根，而是它的块茎，是土豆根的末端，存储养分的地方。

早春，将土豆种切成块种下，夏天梅雨来临之前，赶紧收获。

土豆受到太阳照射后，会变成绿色，味道也会变得很涩。土豆的芽有毒，尽量不要等土豆长芽了才吃。

10月30日

土豆煮熟后很容易剥皮，去皮后就能看到白白的、面面的土豆肉了。一两个大的土豆，就能吃饱。人们还常用土豆做菜，削土豆的时候，手上常会沾上白色的粉末，这就是淀粉。土豆淀粉含量高，除了做蔬菜，还常用来做主食。田地较少的山区地带，比起稻子，人们通常会种更多的土豆。

土豆是全球第三重要的粮食作物，仅次于小麦和玉米。以前仅产于安第斯山脉附近的秘鲁、玻利维亚等地，500多年前传到欧洲，现在中国是世界上产土豆最多的国家。

土豆

Potato

别名：马铃薯、洋芋、山药蛋、荷兰薯、地蛋、薯仔

食用部位：块茎

收获时节：6～7月

分类：茄科一年生草本植物

茄子

Eggplant

别名：落苏、昆仑瓜、矮瓜、紫茄、白茄
食用部位：果实
收获时节：6 ~ 8月
分类：茄科一年生草本植物

茄子的表皮油光铿亮，呈深紫色。将茄子放在米饭上蒸的话，米饭会被染成茄子的颜色，将茄子拌的凉菜放在碟子中，碟子里也会留下茄子色的汁水。茄子拌的凉菜容易变质，所以要现做现吃。人们也会吃生茄子，虽然有点涩，但也带有一丝甜味。

茄子的产量很高，在花盆里种上一两棵，一家人就可以吃一整个夏天了。所以人们常对小孩说“你们要像茄子和黄瓜一样茁壮成长”。吃不了的茄子可以晒干，放到冬天吃。

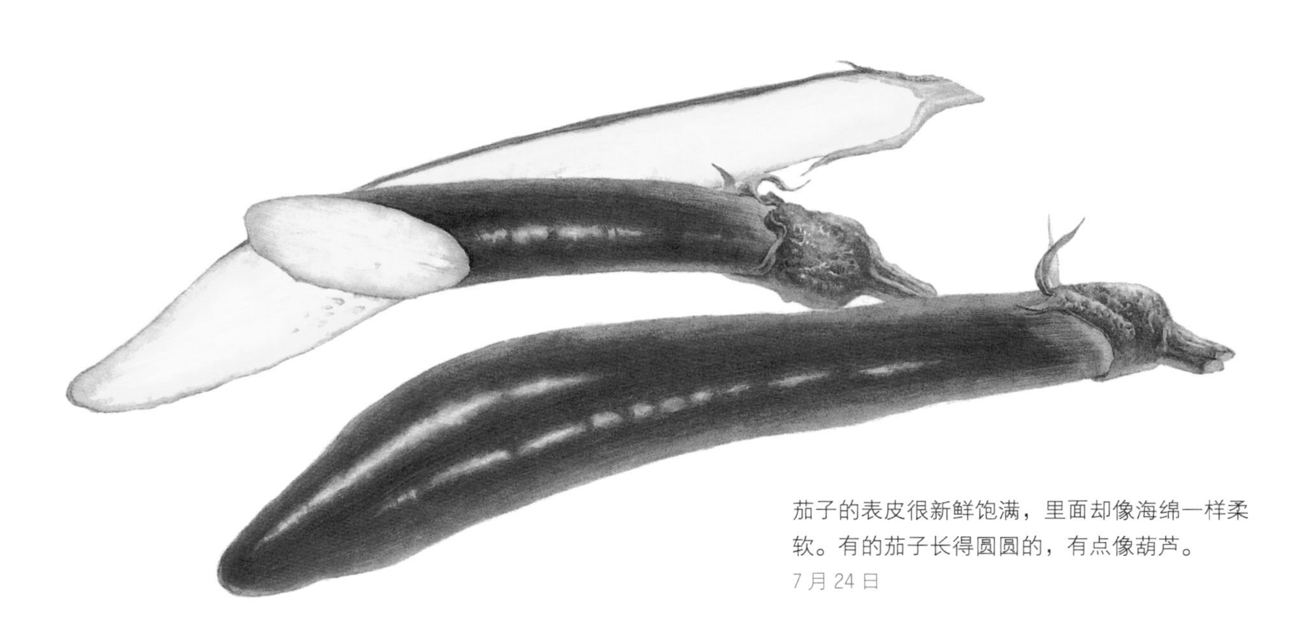

茄子的表皮很新鲜饱满，里面却像海绵一样柔软。有的茄子长得圆圆的，有点像葫芦。
7月24日

7月28日，茄子花开了。

8月10日，结出小茄子。

8月23日，茄子长成了。

茄子花是紫色的，果实是紫色的，连茎也是紫色的。

成熟的番茄是鲜红色的，而且从尾部很容易掰开。番茄看着很饱满，其实很软，里面充满了松软的子儿和香甜的汁水。拿着整个番茄吃的时候，一定要小心，因为番茄汁很容易溅到衣服上，而且不易洗掉。番茄酱是用煮熟的番茄做成的，常被放在意大利面和沙拉里。

番茄可以种在花盆里。番茄结果多，还不易招虫，据说是因为虫子讨厌番茄的味道。番茄长到一定程度，必须要给它搭个架子，这样番茄才能长大，番茄茎也才不容易断裂。

番茄

Tomato

别名：西红柿、洋柿子

食用部位：果实

收获时节：6 ~ 8月

分类：茄科一年生草本植物

番茄和拳头差不多大。小番茄则小得多，一口就能吃掉。
8月5日

7月20日，番茄开花。

8月8日，结出小番茄。

8月14日，红彤彤的番茄成熟了。

番茄的叶子和茎都散发出浓重的番茄味。

辣椒

Pepper

别名：辣子、辣角、牛角椒、红海椒
食用部位：果实、叶
收获时节：青辣椒7～8月，红辣椒9～10月
分类：茄科一年或多年生草本植物

辣椒很辣，如果吃到较辣的辣椒，只要一小块，嘴里就会觉得火辣辣的。整个夏天辣椒都会结果。从开始结青辣椒开始，到下霜之前，人们都可以摘辣椒吃。当青辣椒变成了红辣椒，人们就会将其摘下来晒干。到了秋天，人们再将晒干的红辣椒磨成辣椒粉。

辣椒粉几乎是所有食物不可或缺的重要调料，放了辣椒粉的食物都会带点辣味，从而更加美味，而且还能使食物不易变质。所以像泡菜这样要长久保存的酱菜中，辣椒粉是必不可少的。

辣椒小的时候是绿色的，成熟后会变成红色。辣椒成熟后，里面的籽会变成黄色。
8月30日

腌制大酱的时候，常常会用一根穿有干辣椒和木炭的草绳把酱缸围住。据说红辣椒可以驱赶牛鬼蛇神，也能使大酱的味道变得更好。这个传统一直沿袭至今。

青甜椒、红甜椒和黄甜椒都属于辣椒，不同之处在于甜椒不辣，而且带有丝丝甜味。

白色的辣椒花凋谢后，就会结出青色的辣椒，辣椒成熟后，就会变成红色。辣椒柄如同一根拐棍。

将熟透的红辣椒放在太阳下晒干后，就能磨成辣椒粉了。
辣椒粉可以放在泡菜里，也可以用来做辣椒酱，是几乎可以放入所有菜肴的调料。

桔梗

Balloon flower

别名：铃铛花、包袱花
食用部位：根
收获时节：9～11月
分类：桔梗科多年生草本植物

桔梗主要食用根部，嚼起来嘎嘣嘎嘣脆，但略带苦味。桔梗直接吃，会比较涩，但剥去皮，放在淘米水中泡一段时间，涩味就消失了。白色的桔梗拌菜是祭祀桌上和喜宴上必不可少的一道菜。

桔梗还是味药材。咽喉刺痛时，用桔梗煎药喝，嗓子就不痛了。它还能治疗咳嗽。桔梗原本是长在山上的野菜，现已将其移植到田地里，开始人工种植了。我们常吃的一般是长了2～3年的桔梗。

桔梗的皮剥下来，大约有纸那么薄。用刀切，桔梗会流出奶水般乳白色的液体。
9月22日

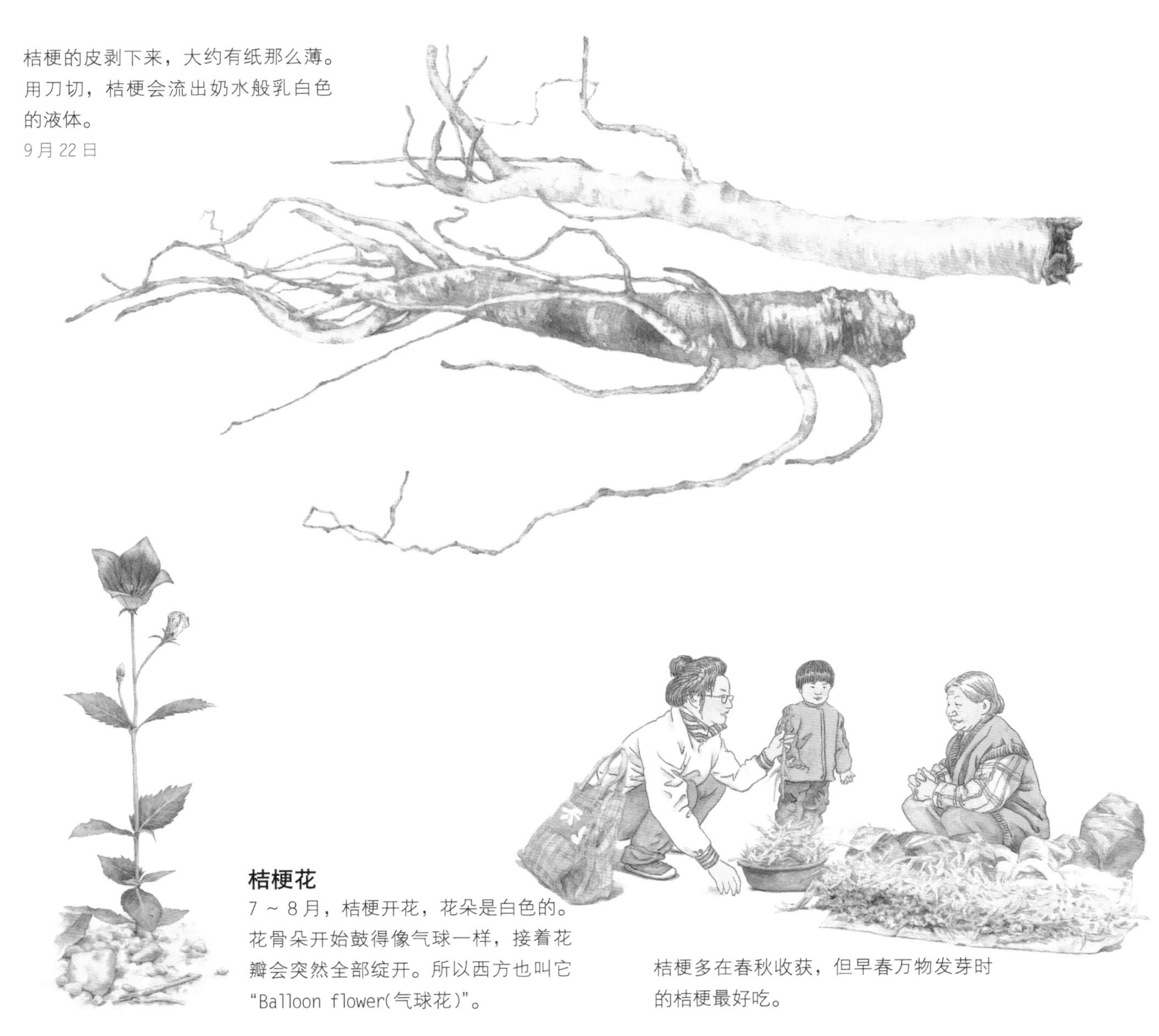

桔梗花
7～8月，桔梗开花，花朵是白色的。花骨朵开始鼓得像气球一样，接着花瓣会突然全部绽开。所以西方也叫它“Balloon flower(气球花)”。

桔梗多在春秋收获，但早春万物发芽时的桔梗最好吃。

羊乳味道浓烈，如果你剥了羊乳，即便一会儿手干了，也还会带有羊乳的味道。羊乳的茎、叶和花都会散发出羊乳味。羊乳既有苦味也有甜味。人们常将其烤着吃，有时还会蘸辣椒酱吃。以前，人们都是从山上挖羊乳吃，现在已有很多地区开始人工种植羊乳了。

羊乳根成粗壮的块状生长，而上面的枝叶一般依附在其他植物上生长，或是羊乳之间互相缠绕着生长。晚秋，大部分植物的叶子凋落的时候，方可刨采羊乳。常吃羊乳还可以预防感冒。

羊乳

Lance asiabell

别名：奶参、山海螺、狗头参、四叶参
食用部位：根
收获时节：10 ~ 11 月
分类：桔梗科多年生草本植物

将羊乳剥开，羊乳就会裂成如丝般的细条，还会流出很多汁，沾到手上黏糊糊的，而且不易洗掉。
4 月 26 日

羊乳越好，味道越浓烈，三年以上的羊乳才会有浓烈的味道。

羊乳花
夏天，羊乳会开出像钟一样的紫色花朵。

牛蒡（bàng）

Burdock

别名：大力子、恶实、百角羊
食用部位：根
收获时节：11 ~ 12月
分类：菊科二年生草本植物

牛蒡主要的食用部位是又直又长的根部。牛蒡根可长达 150 多厘米，用刀背将牛蒡的皮刮掉，牛蒡就会散发出一股泥土的清香。牛蒡刮掉皮以后，不一会儿就会变成黑色，牛蒡切成细丝后，可以放在紫菜包饭里。

牛蒡长得很高，叶子比南瓜叶还要宽大，叶子后面长有白色的绒毛。到了夏天，牛蒡会开出如蓟一般的红花。花凋谢后，就能结出山药一样的果实了。晚秋至初冬期间刨出的牛蒡最好吃。

牛蒡长得像树根一样，水分少，硬邦邦的，所以人们很少生吃牛蒡，大多将其炖熟了再吃。
9月1日

牛蒡的根很长，可达到成人身高的长度。

炖牛蒡
炖牛蒡是一种将牛蒡放在酱油里炖熟的菜肴。

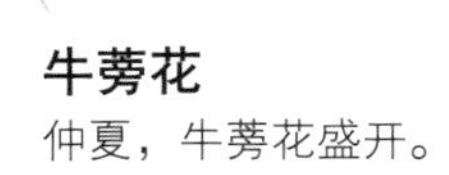

牛蒡花
仲夏，牛蒡花盛开。

蜂斗菜喜欢潮湿的地方。如果将从山麓或田埂上挖来的蜂斗菜根种到潮湿的地方，它们能更快地扩散开来。

蜂斗菜花

春天万物萌发的时候，蜂斗菜花盛开。

圆圆的花骨朵冲出来，不断长高，瞬间绽放出绚丽的花朵。

蜂斗菜的叶茎被称为蜂斗菜薹。它虽略带苦味，但有股别样的清香，从春天到夏天都可以吃。晒干放起来的蜂斗菜薹可以在冬天拌干菜吃。

8月9日

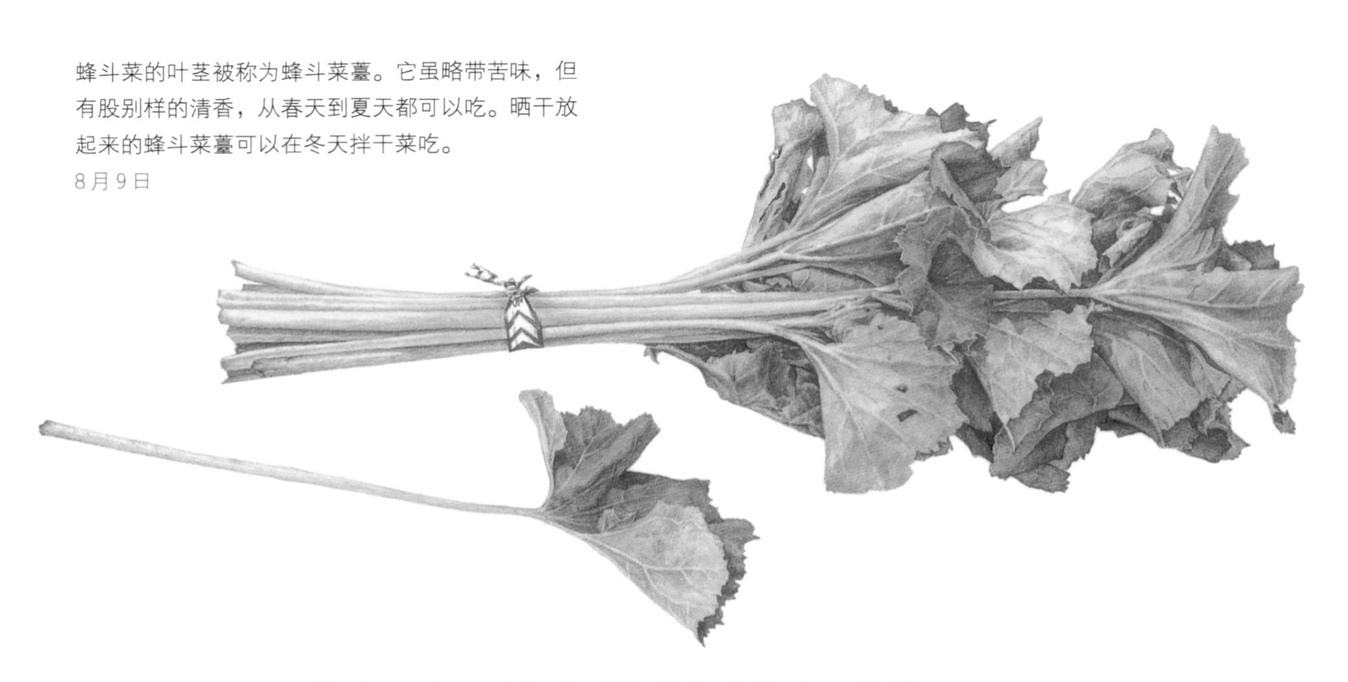

蜂斗菜带有苦味，所以要在水里泡很久才能吃。蜂斗菜里的苦味泡出去后，可以用叶子包饭团吃，或者用来做拌菜。春天蜂斗菜的叶子还很嫩，所以叶子和叶茎都可以吃。夏天，掰下其硕大的叶子，只用它的叶茎做菜吃。蜂斗菜所带的苦味对身体好，春天身体乏力时，吃蜂斗菜能增强体力、振作精神。

蜂斗菜种在水田田埂或江边、河边等水分充足的地方，很快就能扩散开来。人们会将其叶茎割下来吃，但只要根还在，蜂斗菜就能重新发芽。到了盛夏，蜂斗菜的叶子能长到葫芦叶那么大，高度可长到人的大腿。

蜂斗菜

Butterbur

别名：冬花、款冬

食用部位：叶茎

收获时节：4 ~ 5月

分类：菊科多年生草本植物

茼蒿

Crown daisy

别名：蓬蒿、蒿菜、蒿子秆
食用部位：叶
收获时节：4～6月
分类：菊科一年或二年生草本植物

茼蒿必须要和生菜种在一起，而且和生菜一起包饭团吃会更香。韩国人做辣汤时，最后放入的大把蔬菜就是茼蒿，因为茼蒿不仅可以去腥味，还能解油腻。

茼蒿极易管理。春天只要将茼蒿种子撒在有土的箱子或是花盆里，放到光照较好的地方，经常浇水，茼蒿就能发芽了。人们一般会将茼蒿顶端采下来吃，有时也会吃旁边长出的新杈。天气变热后，茼蒿很快就会长出花茎，一旦长出花茎，茼蒿会变得硬邦邦的，不再好吃了。

茼蒿长得很像艾草，可以用来包饭团吃，也可以放在辣汤里，或者拌凉菜。
5月24日

茼蒿花
6～8月开花。茼蒿花很漂亮，有时会特意种在花田里。在西方，种茼蒿不是为了食用而是为了观赏。

生菜花

生菜6～7月开花。生菜开花后，叶子就会变小，而且还会变得硬邦邦的，不能再食用了。

生菜常用来包饭团吃。夏天多吃新鲜蔬菜，能使身心通透。

生菜叶

人们喜欢将新长出的生菜叶摘下来吃。

生菜棵

人们也会将整棵生菜拔出来吃。娇嫩的生菜叶上布满了水纹般的褶皱。

9月3日

生菜

Lettuce

别名：叶用莴苣

食用部位：叶

收获时节：4～7月

分类：菊科一年或二年生草本植物

生菜的主要食用部位是叶子，生菜叶子可以用来包饭团，也可以用来拌凉菜。生菜略带苦味，但吃起来很香。一棵生菜，一盒包饭酱，就能吃一碗饭。现在人们也常用生菜包烤肉吃。

生菜一般在春天播种，到了夏天就能掰生菜叶吃了。梅雨来临后，生菜叶会容易腐烂。夏天生菜开花后，生菜叶就不再长了。揪生菜叶或茎的时候，生菜会流出一种白色的汁液。这种汁液有帮助入睡的药效，所以多吃生菜，可以改善睡眠状况。

我们身体需要的蔬菜

我们用稻谷来做饭吃，用蔬菜做成各种菜来食用，因为如果只吃稻谷，人体会缺乏维生素。蔬菜中含有很多对人体有益的维生素。拌着吃，炒着吃，炖汤吃，做成酸溜溜的泡菜，腌制成酱菜……蔬菜每天都以不同的形式出现在我们的餐桌上，因为我们的身体需要它们。

清爽可口、辣乎乎的新鲜萝卜缨泡菜。

咕嘟咕嘟冒着香气的大酱汤。

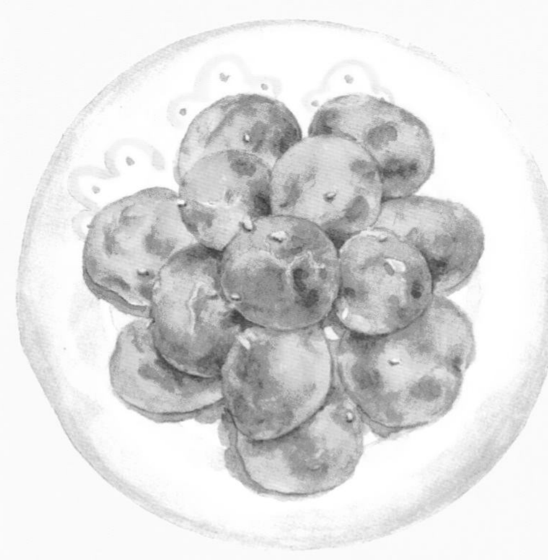

香甜可口又黏糊糊的酱香小土豆。

热水焯过后调拌的清香拌茄子。

黄瓜的清香、辣椒的辣味，全都汇集在爽口的黄瓜泡菜中。

一口就能吞下的新鲜蔬菜团。

酸溜溜、辣乎乎，又微咸的大蒜酱菜。

大小、薄厚均匀的清炒小南瓜。

秋天晒蔬菜

冬天的蔬菜不多。所以秋天蔬菜大量上市的时候，人们会想办法将蔬菜储藏起来。

可以将蔬菜晒干放起来，也可以用酱油或食盐将蔬菜腌制成酱菜。

蔬菜被秋日炽烈的太阳晒过后，会有别样的味道。

嚼起来很筋道，而且会变得更甜。

这样一来，就可以吃到第二年秋天了。

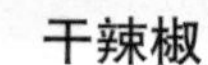

干辣椒

红红的辣椒在秋天的烈日下晒干后，磨成粉，就成了辣椒粉。

辣椒粉几乎是所有食物里都可以放的作料。

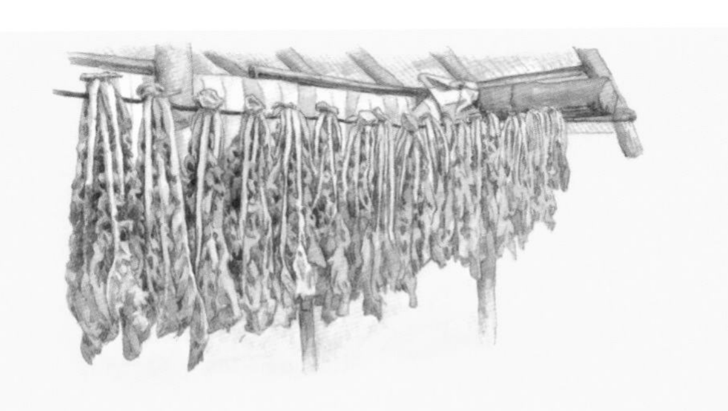

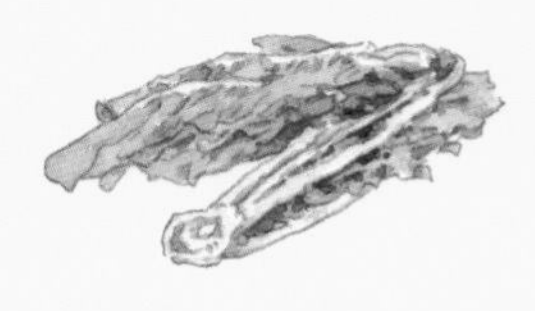

干萝卜缨

将萝卜缨放在阴凉的地方晾干。萝卜缨晒干后，冷风一吹，就会发出沙沙的声音。整个冬天都可以吃到干萝卜缨做的拌菜。

干茄子

将茄子划开几道口，搭在绳子上晒干。

有时人们也会把茄子切成片，放在凉席上晒干。

吃的时候，要将干茄子放在水里泡透再炒，吃起来会很有嚼劲。

南瓜条

南瓜条是用老南瓜晒干制成的。切南瓜的时候，按照南瓜的纹络，削成长长的条，再摊开晒。将南瓜条放在年糕里吃会很有嚼劲，而且比麦芽糖还要甜。

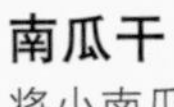

南瓜干

将小南瓜切成薄片，晒干。

晒的时候，要经常翻，才能晒得均匀。

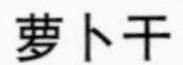

萝卜干

将萝卜切成片晒干。

萝卜大量上市的时候，将萝卜晒成干放起来，可以吃一年。

萝卜干皱巴巴的，比鲜萝卜还要甘甜。

干芋梗

将芋梗剥去皮晒干，就成了干芋梗。

吃的时候，先在热水里焯一下，再放在水里泡透，最后放到汤里煮。

制作白菜泡菜

泡菜是韩国人餐桌上不可或缺的一道菜。据说韩国人从三国时期就开始吃泡菜了，最初人们只是将萝卜用盐腌一腌。大概 400 年前，才有了如今这种将泡菜腌得通红的做法。晚秋腌制的越冬泡菜可以吃一整个冬天。冬天蔬菜少，泡菜便成了最主要的蔬菜。泡菜味道鲜美，对身体也大有益处，所以除韩国外，在其他国家也很受欢迎。

将新鲜的白菜掰开，放入粗盐腌制。

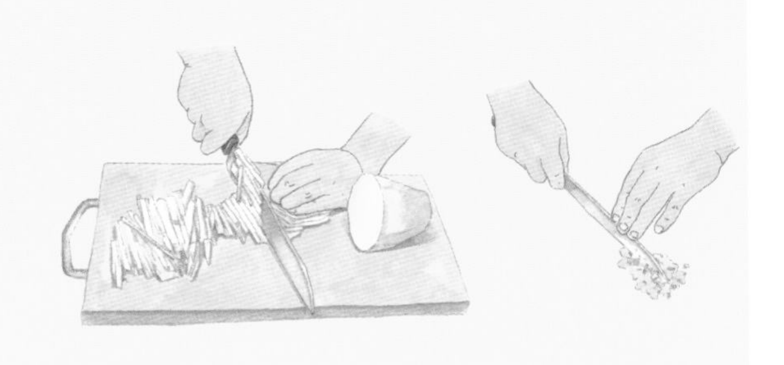

将萝卜切成细丝，把蒜放在石臼中砸碎，把姜切成碎末。

将作料和白菜搅拌到一起。这时要将辣椒粉和其他作料都放进去，鱼酱也要放进去。

将调料放入菜内。要将调料均匀地放入每层白菜叶里。

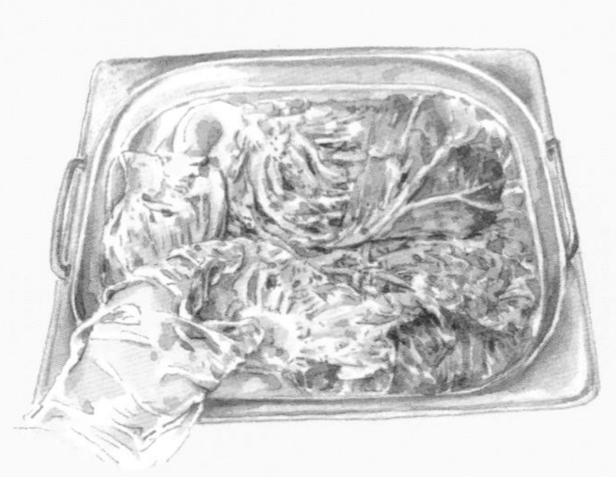

将拌好的白菜放入盛泡菜的容器中，整齐地摆好、压实，让其自然发酵就可以了。腌透了的泡菜有一股刺鼻的酸味，这是因为泡菜发酵时，产生了乳酸菌。

有时人们也会将越冬泡菜埋在地里。

食用叶和茎的蔬菜

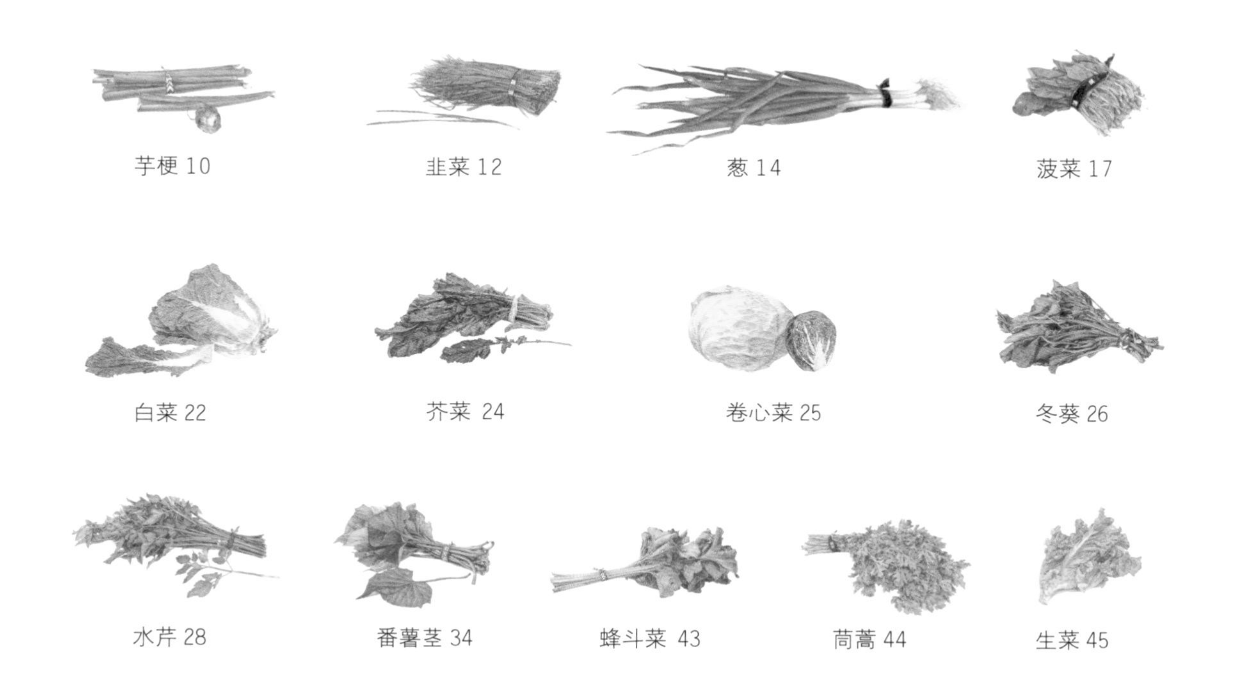

食用果实的蔬菜

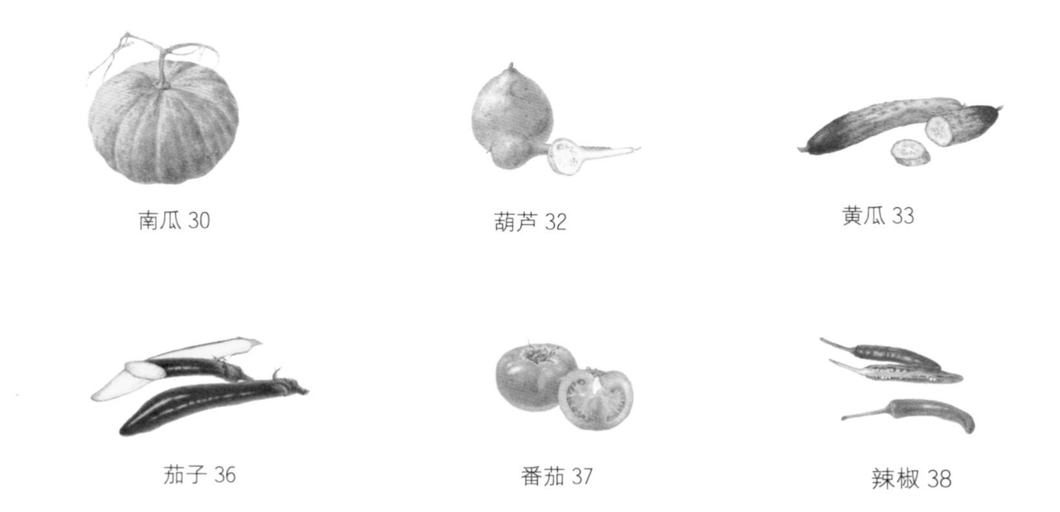

食用根部的蔬菜

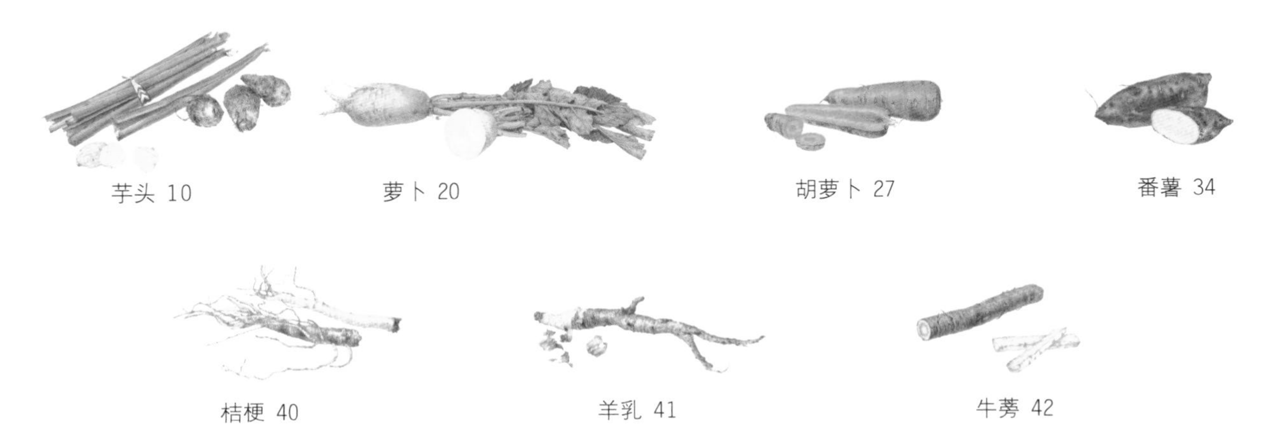

食用鳞茎和块茎的蔬菜

索　引

通过拼音查找：

作者简介

文／南妍汀

毕业于韩国放送通信大学，专业为农学，曾任归农通文（音译）委员会委员。
现在在京畿道杨平郡的家中，边种植农作物，边编写儿童图书。

图／李在恩

毕业于中央大学，专业为西洋画。
现在在江原道洪川郡的家中，边侍弄田地，边绘制儿童图书中的插图。
现已出版的作品有《植物的用途》《食用植物》《迎春花》《蚂蚁》《萤火虫》。

读“小小博物学家”系列，立变博物学达人。

本系列第1辑《最美最美的博物书》

本系列第3辑《水边的自然课》

本系列第4辑《郊外的自然课》

本系列图鉴收藏版:《给孩子的自然图鉴》